きょう だい ひがし だ しき
京大東田式

カレ～なる

さん すう
算数パズル ❷

カ   ク
KAKU

小学2～6年生

東田大志・京大東田式パズル教室

朝日学生新聞社

は じ め に

　2020年度から学習指導要領が変わり、知識偏重ではなく「思考力」「判断力」が子ども達に求められるようになります。すぐには答えの出ない問いに対して、ねばり強く論理的に考えて答えを導き出すことが重要視されるのです。単に計算や漢字の読み書きを反復練習するだけでは、このような力はつけることができません。

　東田式パズルは、こうした新しい時代に必要な「思考力」「判断力」を楽しく身につけられるように作られています。本書のパズル「KAKU」は、点線上に線を引いて数字に合う図形を作っていくパズルです。簡単な問題から少しずつステップアップしながら、高度な考え方をどんどんと身につけていくことができます。難しい問題でも、論理的に考えれば手を進めることのできる突破口が必ずあるはずです。ねばり強く考えれば、必ず自力で答えにたどり着けます。

　様々な多角形を頭の中で想像しながら解くことで、中学生や高校生になっても通用するような論理思考力をつけることができ、応用問題に対応できるアタマを作ることができるでしょう。もちろん、算数の基本となる図形認識力・想像力もきたえることができます。

　2019年4月に、パズルやゲームで思考力を伸ばせる「京大東田式パズル教室」を京都に開きました。ここでも、この「KAKU」は大人気です。ぜひこのパズルで、「楽しく遊びながら学ぶ」を実感していただきたいと思います。

東田大志

KAKU に チャレンジしてくれるキミへ

　こんにちは！　わたしは日本でたった一人の
パズル博士です。小学校2年生のときにパズル
の世界を知って、すっかりパズルに夢中になっ
てしまいました。

　この「京大東田式カレーなる算数パズル」
は、パズルの奥の深さ・考える楽しさ・答えを
発見する喜びを、小学生の
みなさんに伝えたいと思っ
て作った本です。「KAK
U」は、かんたんなルール
なのにとても奥が深く、い
ろんな考え方を使うパズル
です。楽しくパズルを解い
て、算数の基本になる図形
を認識する力をぐんぐん伸
ばしていきましょう！

そう！
このパズル「KAKU」のルールは…

① 点線の上に線を引いて、パズルをいくつかの図形に切り分けましょう。

② すべての図形には、数字が一つずつ入ります。

③ 数字はその図形の角（かく）の数を表します。

例えば、3が入る図形は三角形になります。

KAKU のルール

あらためて、KAKU のルールを説明するよ。

① 点線に沿って線を引き、盤面をいくつかの図形に切り分けましょう。それぞれの図形には、数字が必ず1つだけ含まれます。

② 数字は、その数字が含まれる図形の角の数を表します。たとえば3が入る図形は三角形になります。

例題

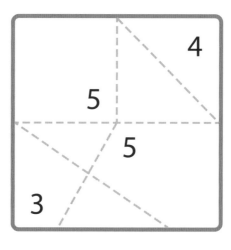

ポイント1
難易度が上がるにつれて、ダミーの点線が増えていくよ。確実にわかる線を見極めていこう。

ポイント2
数字と数字の間に1本しか点線のないところは、必ず境界線が引けるよ。

ポイント3
大きな数字よりも、3などの小さな数字に注目する方がいいよ。

答え

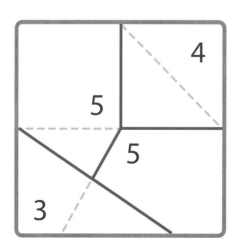

～第1章～

甘口

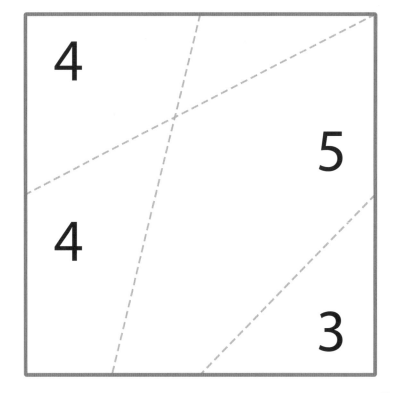

4

5

4

3

答えは124ページ

辛さ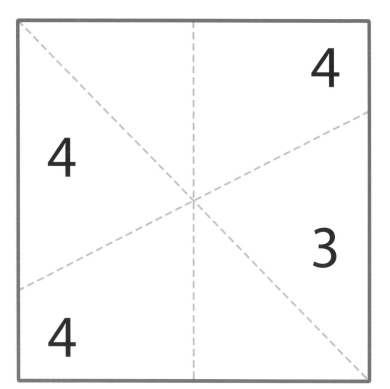

4

4

4

3

4

ヒント！

数字が入らない図形ができないようにしよう。

答えは
124 ページ

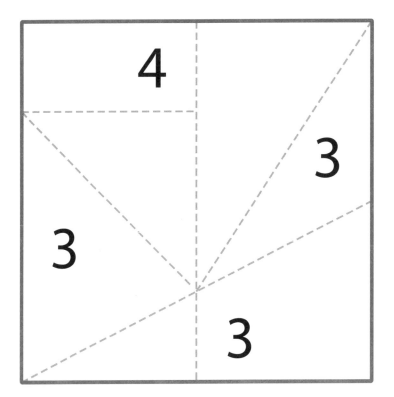

四角形は正方形
や長方形とは限
らないよ。

答えは
124 ページ

辛さ

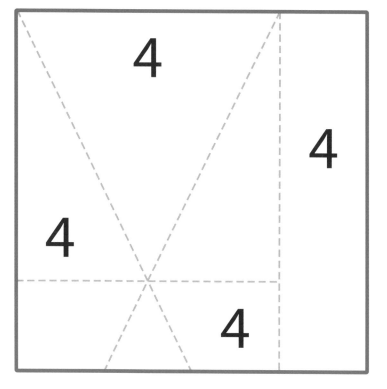

答えは
124ページ

辛さ

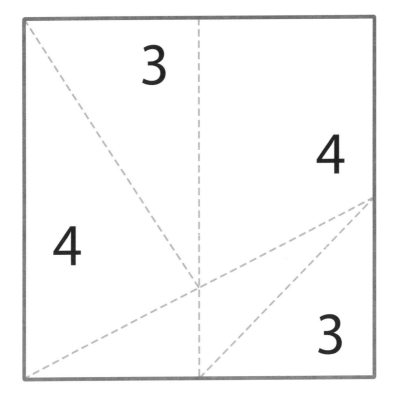

3

4

4

3

答えは
124ページ

辛さ

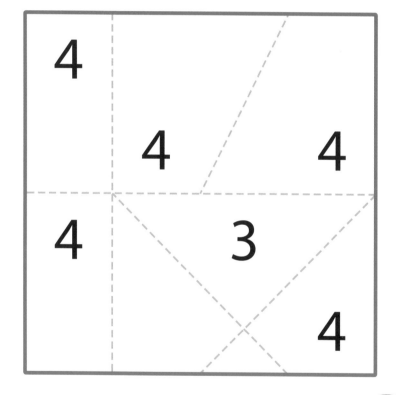

答えは
124ページ

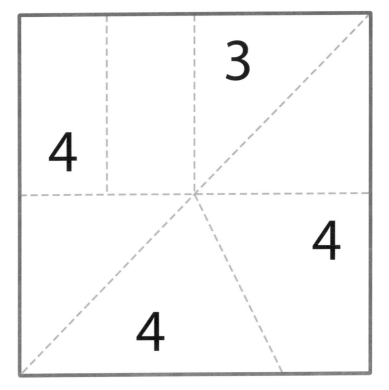

答えは
124ページ

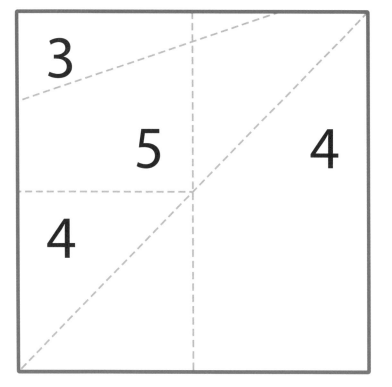

3

5

4

4

答えは
124ページ

辛さ

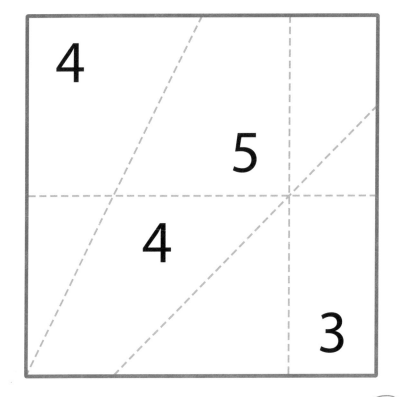

答えは
124ページ

辛さ 🌶🌶🌶🌶🌶

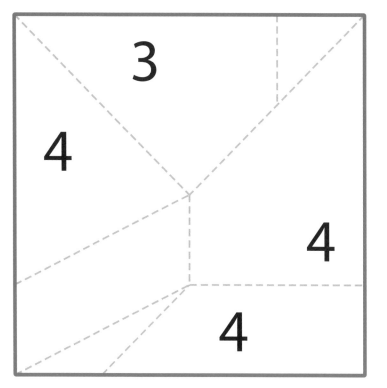

3

4

4

4

答えは
124ページ

辛さ

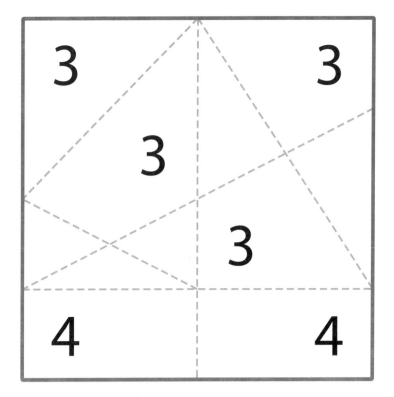

3		3
	3	
		3
4		4

答えは
124ページ

12

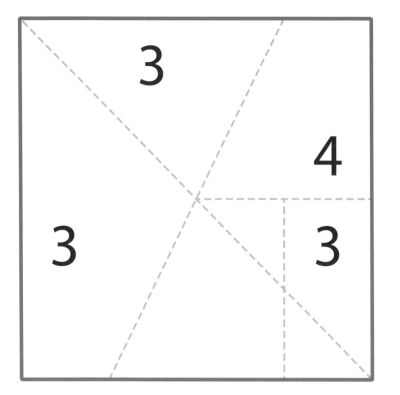

3

4

3

3

答えは
125ページ

辛さ

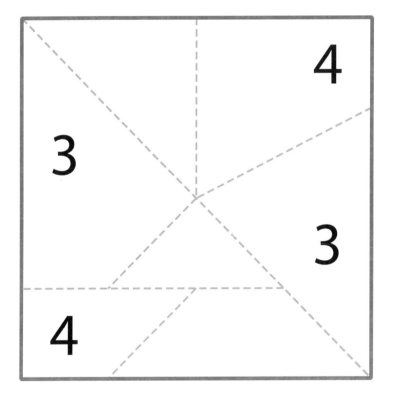

答えは 125 ページ

辛さ

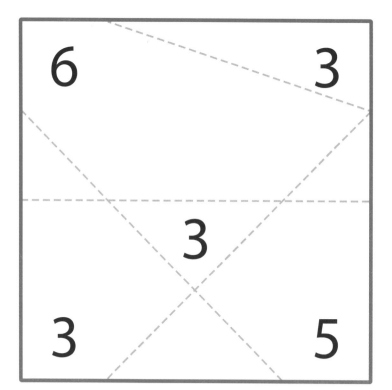

6   3

3

3   5

三角形から
順に考えて
みよう。

答えは
125ページ

15

辛さ 🌶🌶🌶🌶🌶

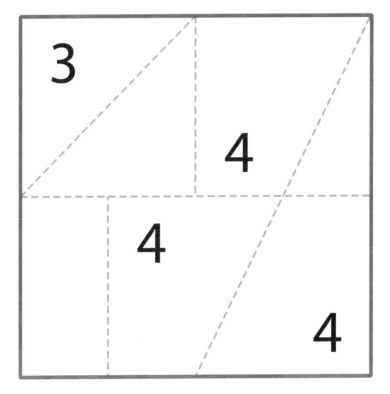

3

4

4

4

答えは
125ページ

辛さ

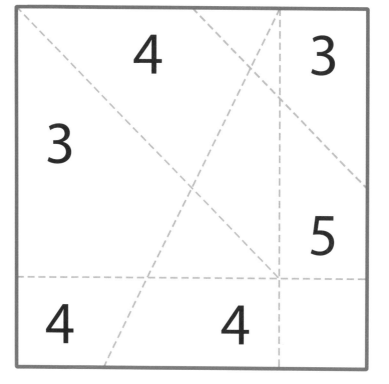

4   3

3

5

4   4

答えは
125ページ

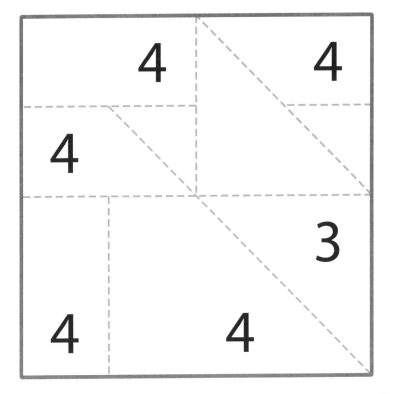

答えは
125ページ

辛さ

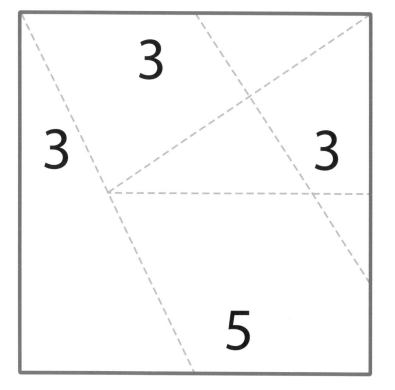

3

3 3

5

答えは
125ページ

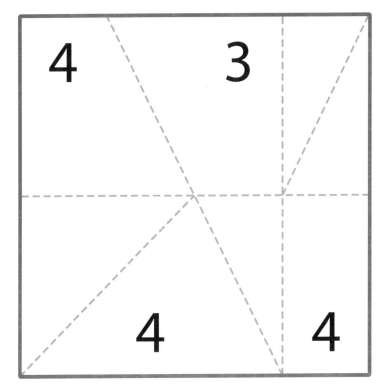

4　　　3

4　　　4

答えは
125ページ

辛さ

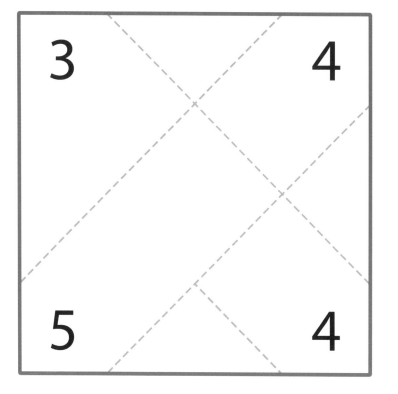

3

4

5

4

答えは 125 ページ

パズル制作に熱中の中学時代

　ぼくは、中学生のときに初めてパズルを作りました。解くよりも作る方が何倍も難しくて、最初は何度も失敗しました。失敗をくり返してようやく最初の一問ができたとき、本当にうれしかったな。

　それからすっかりパズルに熱中してしまい、中学生や高校生の頃は宿題もまともにやりませんでした。先生から親に「お宅の息子さんは勉強を全然していない！」とおしかりの電話までかけられてしまうくらいだったんです。

　でも、いつも面白いパズルをみんなに配っていたから、クラスでは人気者だったんですよ。同級生のみんなには、パズルのプリントを1枚10円で売りさばいていたことも…。もちろん、先生には内緒でね。

　みんなも、何か熱中できるものを見つけて、楽しい人生を歩んでほしいと思います。

〜 第2章 〜

中辛

辛さ

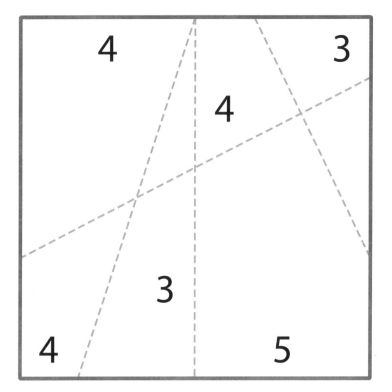

4   3

4

3

4   5

答えは
125ページ

辛さ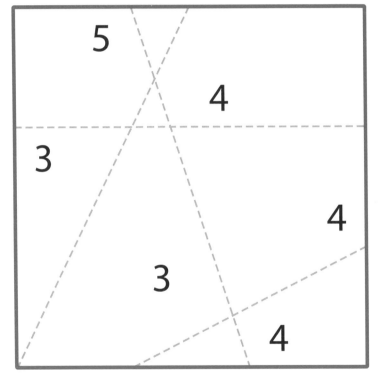

5

4

3

4

3

4

答えは 126 ページ

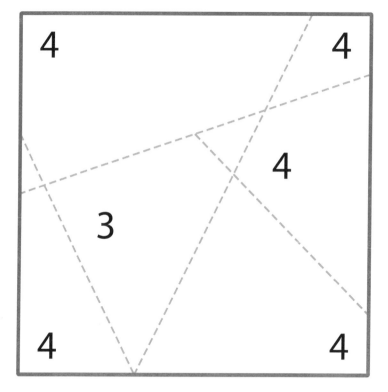

4   4

4

3

4   4

答えは
126ページ

24

辛さ 🌶🌶🌶🌶🌶

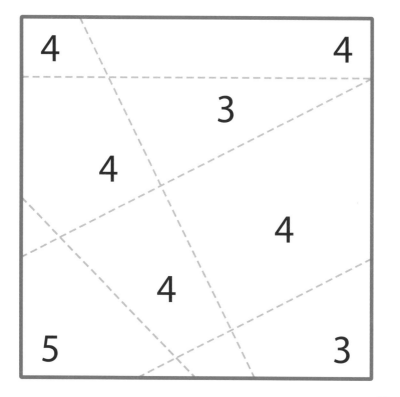

4   4

3

4

4

4

5   3

答えは 126 ページ

辛さ

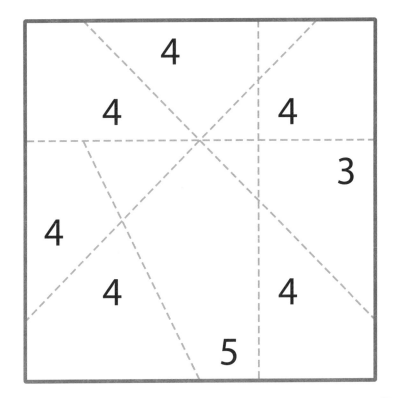

4		
4		4
		3
4		
4		4
	5	

答えは
126 ページ

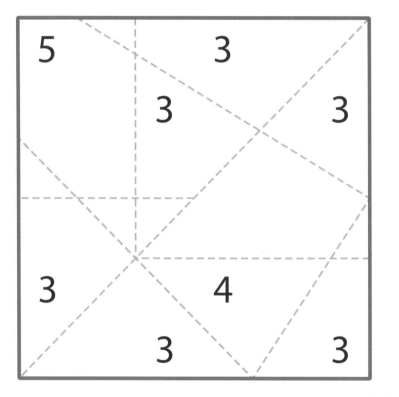

5		3	
	3		3
3		4	
	3		3

答えは
126 ページ

辛さ

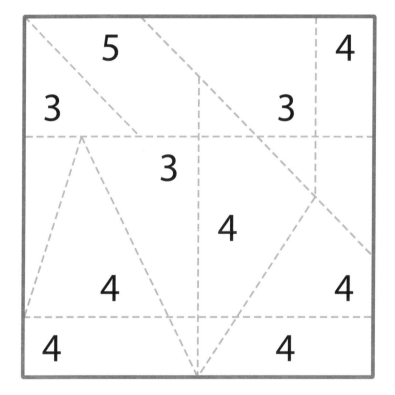

答えは
126 ページ

辛さ

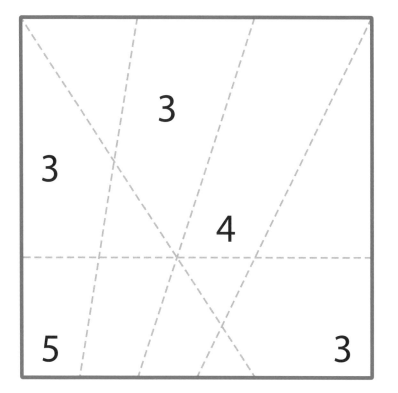

3	
3	
	4
5	3

答えは
126 ページ

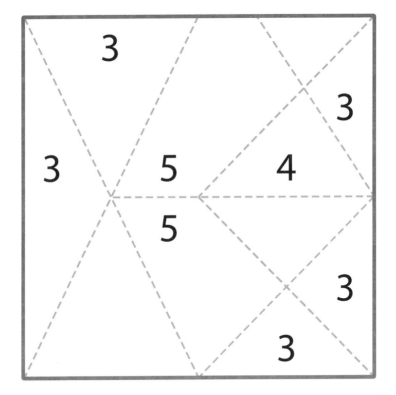

3

3

3   5   4

5

3

3

答えは
126 ページ

辛さ

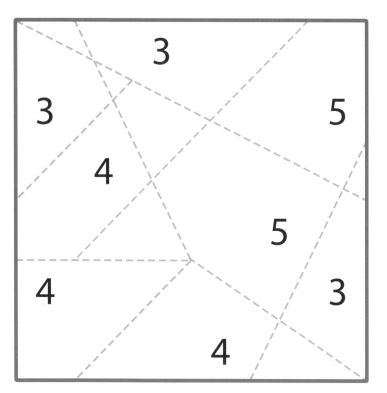

3

3   5

4

5

4   3

4

わかった！

左端の3から
考えてみよう。

答えは
126 ページ

辛さ

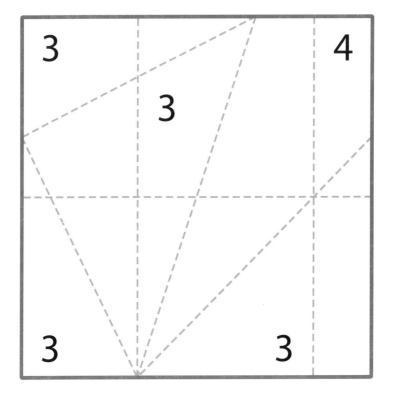

3		4
	3	
3		3

答えは
126 ページ

32

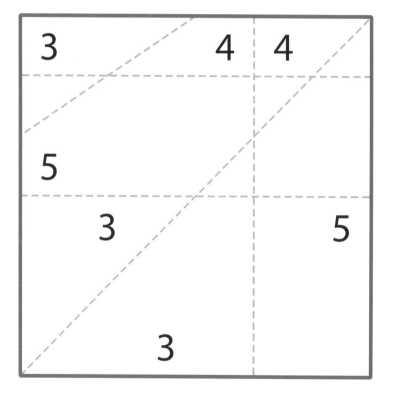

3		4	4
5			
	3		5
	3		

答えは
127ページ

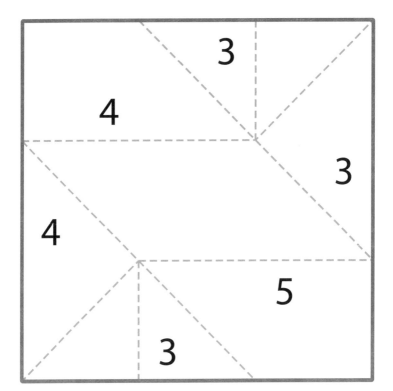

左下の4、左上の4の順番に考えるとうまくいくよ。

答えは127ページ

辛さ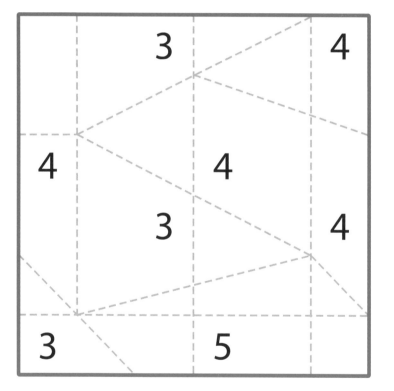

3   4

4   4

3   4

3   5

答えは
127ページ

辛さ

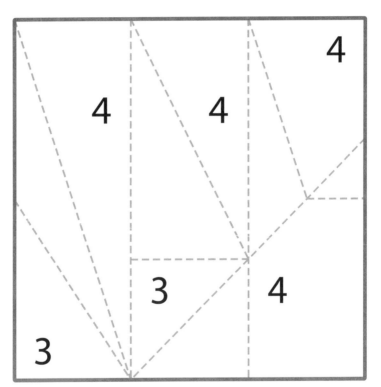

4

4　4

3　4

3

おいちー

左上の4から
考えてみよう。

答えは
127ページ

36.

辛さ

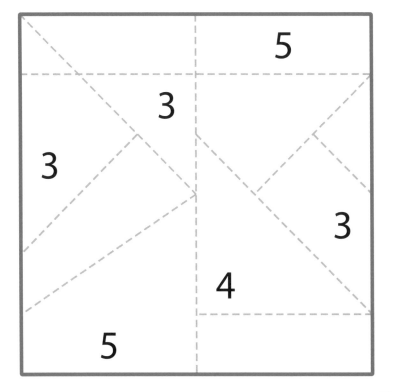

5

3

3

3

4

5

答えは
127 ページ

辛さ

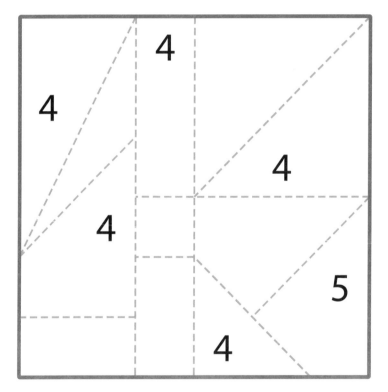

	4		
4			4
	4		
			5
	4		

答えは
127ページ

辛さ

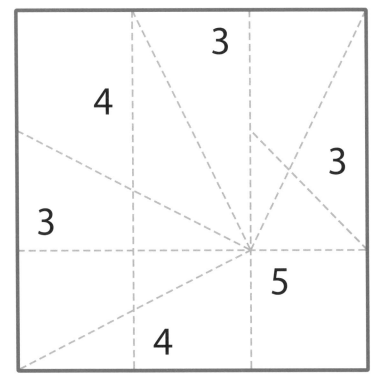

3

4

3

3

4

5

答えは
127ページ

辛さ

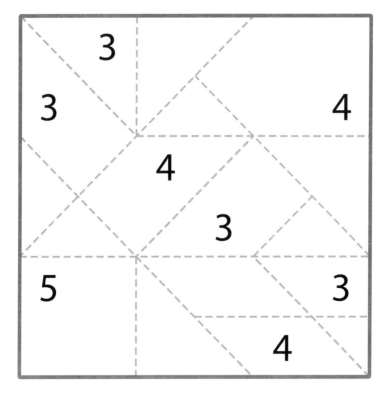

3

3

4

4

4

3

5

3

4

答えは
127 ページ

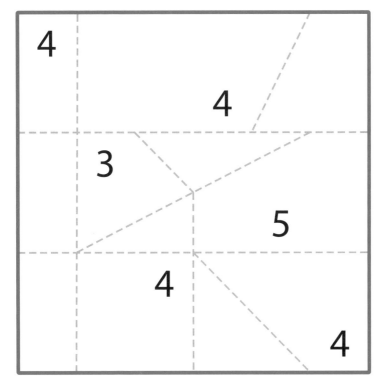

4

4

3

5

4

4

答えは
127ページ

わたしとパズルの出会い

　わたしが初めて出会ったパズルは、小学校の図書室に置いてあった「迷路」だよ。たくさんある本の中で、「遊べる」本を見つけるとなんだかワクワクするよね。

　迷路はルールもかんたんで、スタートからゴールまで行くだけ。1人でも楽しめるし、他の人とも楽しめる。迷路に夢中になったわたしは、授業の合間に迷路を作って、友達に解いてもらっていたよ。ここで引っかかるかな？と考えながら作ったところで悩んでいたり、解けた！と喜んでもらえたりすると、とても作りがいがあって、次はこうしてみよう！と色々試したくなったな。

　解くのも楽しいけど、問題を作ってみんなに解いてもらうのも楽しい！　そんなこんなで、今はパズルを作る仕事をしているよ。みんなも自分の好きなものを見つけたら、それがどうやってできているのか観察してみてね。もしかしたら、自分でも作れるものかもしれないよ。

辛さ

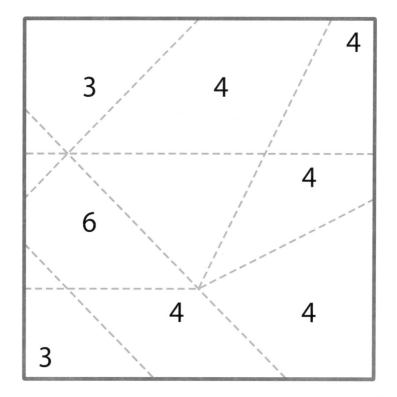

		4
3	4	
		4
6		
	4	4
3		

答えは
128 ページ

辛さ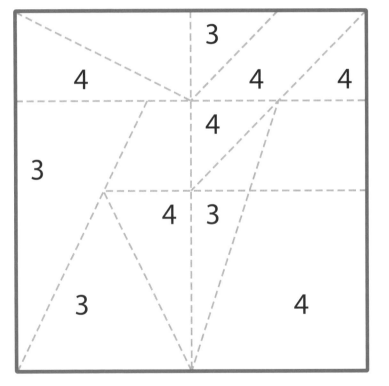

答えは
128 ページ

43

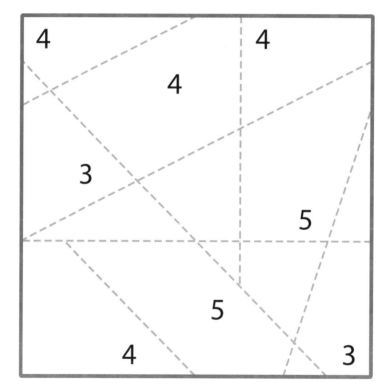

4		4
	4	
3		
		5
	5	
4		3

中央上の4から
考えてみよう。

答えは
128 ページ

辛さ 🌶🌶🌶🌶🌶

4			
			5
	5		
		3	
	4		
		4	
3			
			4

答えは
128ページ

辛さ

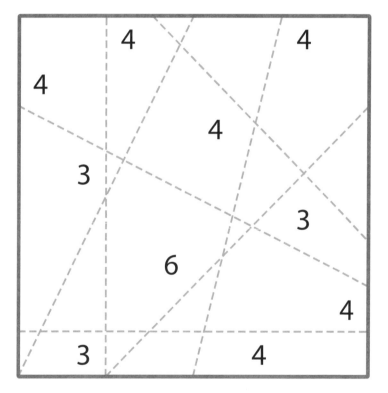

4

4

4

4

3

3

6

4

3

4

答えは
128 ページ

辛さ

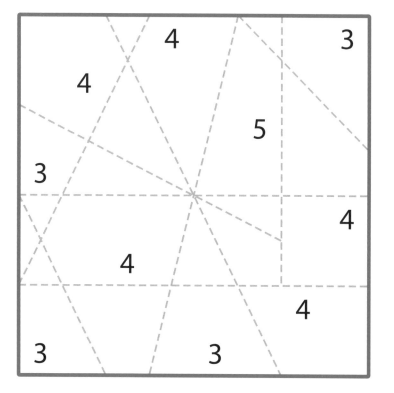

	4		3
4			
		5	
3			
			4
	4		
			4
3		3	

答えは
128ページ

辛さ

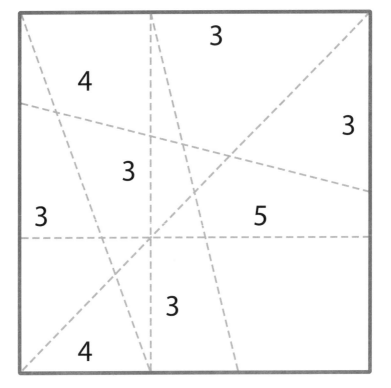

3

4

3

3

3

5

3

4

答えは
128 ページ

辛さ

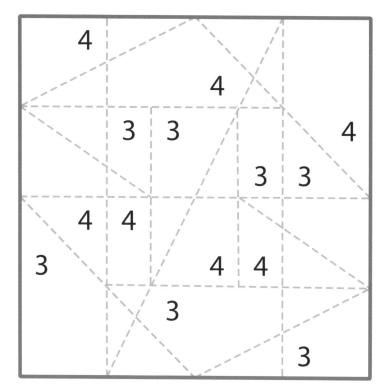

4			
	4		
3	3		4
		3	3
4	4		
3		4	4
	3		
			3

答えは
129ページ

辛さ

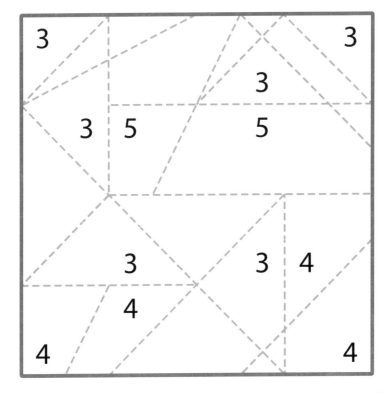

3				3
			3	
	3	5		5
		3		4
		4		
4				4

答えは
129 ページ

辛さ 🌶🌶🌶🌶🌶

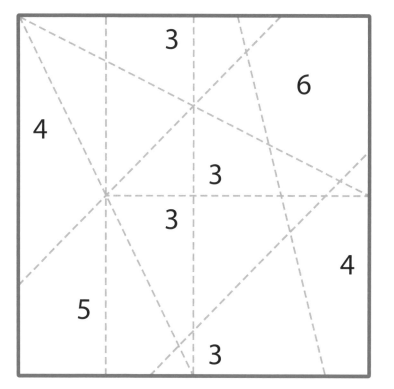

	3	
		6
4		
	3	
	3	
		4
5		
	3	

答えは
129 ページ

辛さ

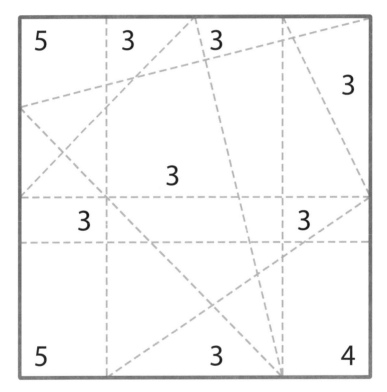

5	3	3	
			3
		3	
	3		3
5		3	4

答えは
129 ページ

辛さ

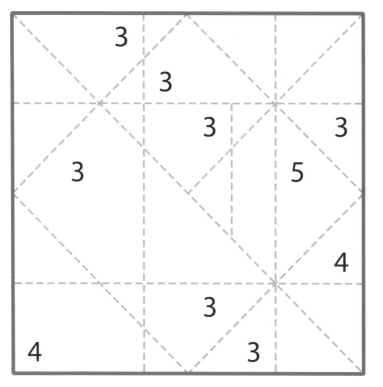

3

3

3   3

3   5

4

3

4   3

答えは
129ページ

辛さ

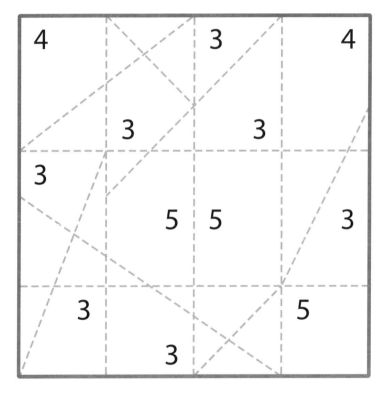

4			3		4
	3		3		
3					3
		5	5		3
	3			5	
		3			

答えは
129 ページ

辛さ

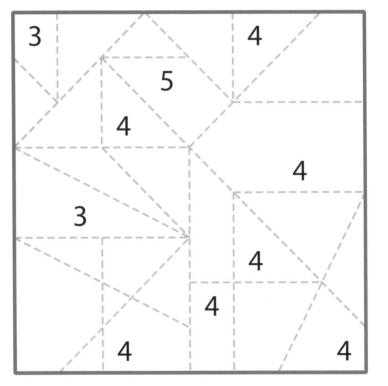

3

4

5

4

4

3

4

4

4

4

答えは
129 ページ

辛さ

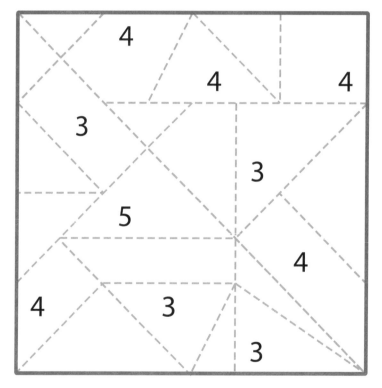

4

4

4

3

3

5

4

4

3

3

答えは
129 ページ

辛さ

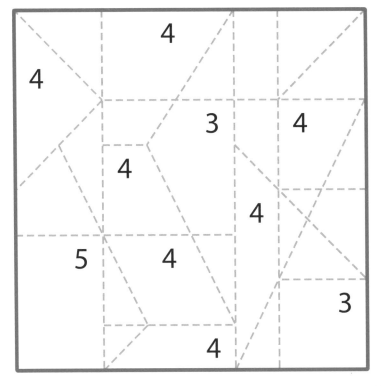

4

4

3

4

4

4

5

4

4

3

4

答えは
130ページ

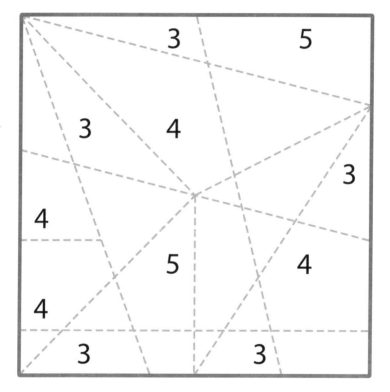

3   5

3   4

3

4

5   4

4

3   3

答えは
130 ページ

58

辛さ

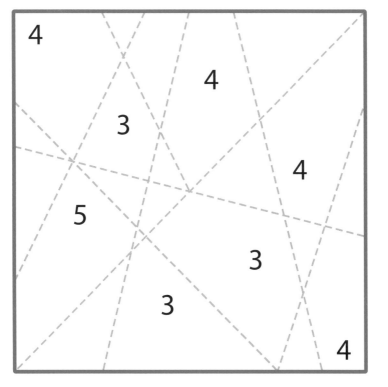

4

4

3

4

5

3

3

4

答えは
130 ページ

辛さ

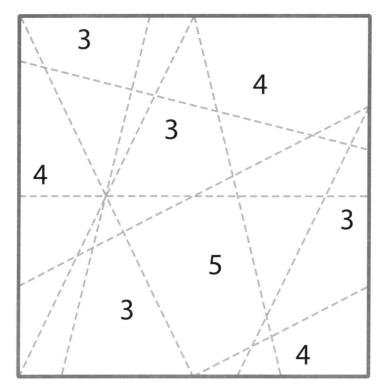

3

4

3

4

3

5

3

4

答えは
130ページ

辛さ 🌶️🌶️🌶️🌶️🌶️

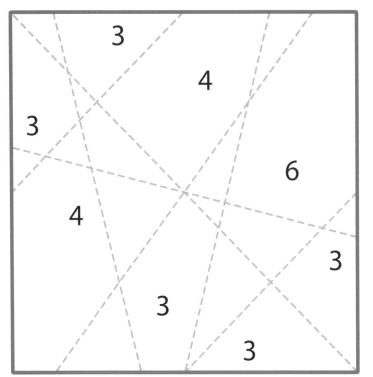

		3		
			4	
3				
				6
	4			
				3
		3		
			3	

キラーン！

中央下の３に
注目！

答えは
130 ページ

辛さ

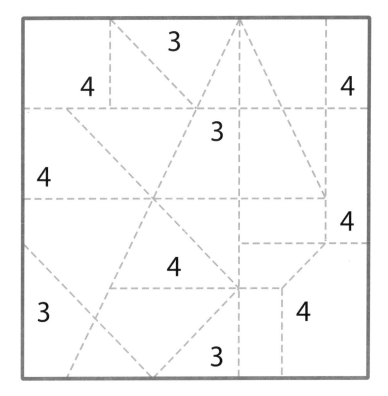

3

4　　　　　　　　4

3

4

4

4

3　　　　　　　4

3

答えは
130 ページ

辛さ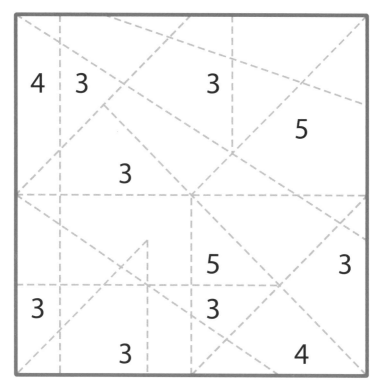

4	3		3	
				5
	3			
			5	3
3			3	
	3			4

答えは 130 ページ

辛さ

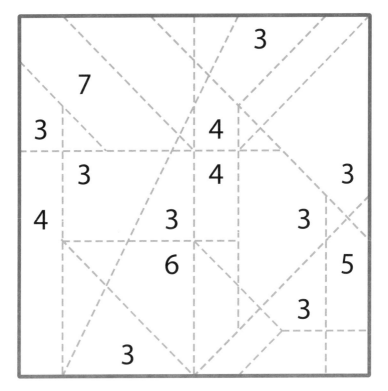

			3
7			
3		4	
3		4	3
4	3	3	
	6		5
		3	
3			

答えは
130 ページ

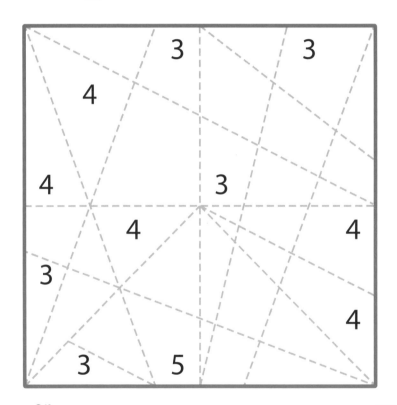

むずかしい

上と中央の3つの3に注目してみよう。

答えは131ページ

辛さ

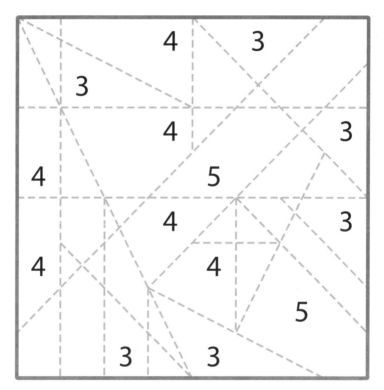

		4		3	
	3				
		4			3
4			5		
		4			3
4			4		
				5	
	3		3		

からーい

右上の3と3の間の空間はどの図形に含まれるかな?

答えは131ページ

～第4章～
激辛 <ruby>激<rt>げ</rt></ruby><ruby>辛<rt>き</rt></ruby>

辛さ

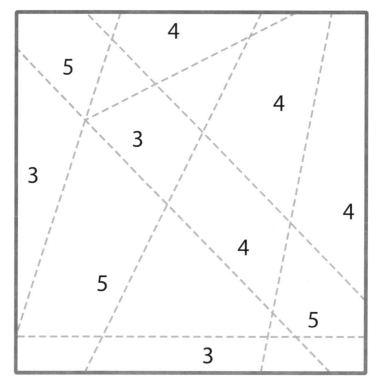

答えは
132ページ

辛さ

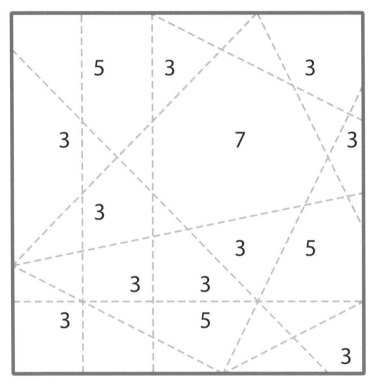

5　3　　　3

3　　　　7　　3

3

　3　　5

　3　3

3　　5

　　　　3

答えは
132 ページ

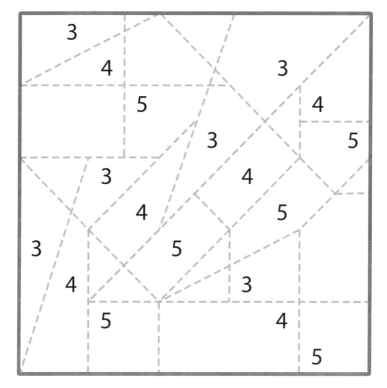

答えは
132 ページ

辛さ

3 　 　 4 　 4

8 　 　 3

4

　 　 　 　 3

4 　 　 4

5 　 4 　 4

答えは
132ページ

辛さ

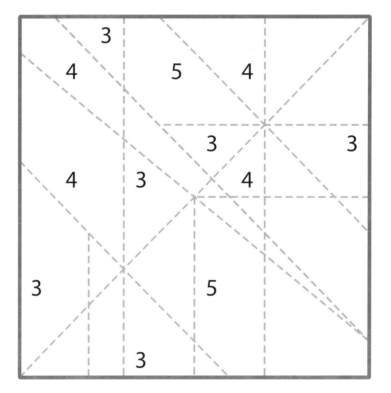

	3			
4		5	4	
		3		3
4	3		4	
3			5	
	3			

答えは
132ページ

71

辛さ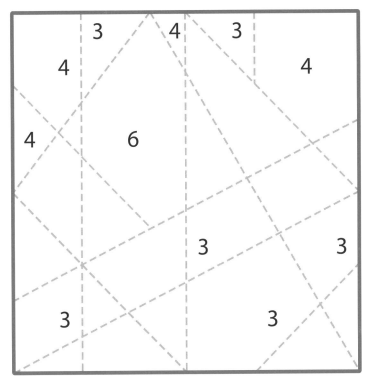

	3	4	3	
4				4
4	6			
		3		3
3			3	

答えは
133ページ

辛さ

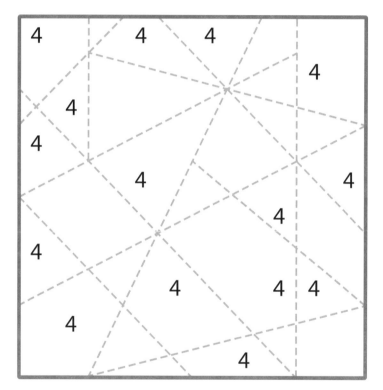

4		4	4		
				4	
	4				
4					
		4			4
			4		
4					
		4		4	4
	4				
			4		

答えは
133ページ

辛さ

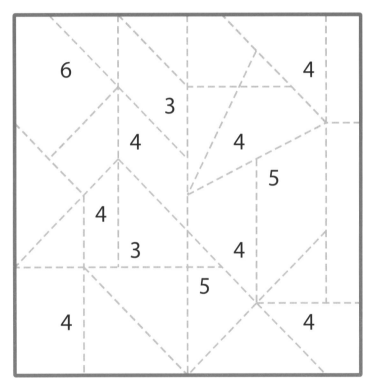

答えは
133ページ

辛さ

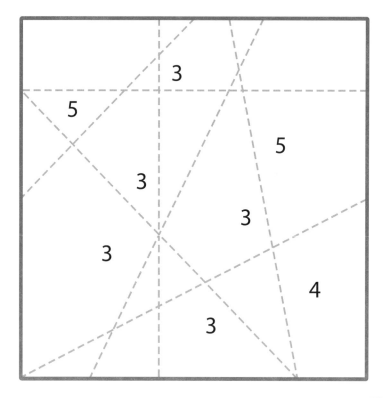

		3		
5			5	
	3		3	
3				4
		3		

答えは
133 ページ

辛さ

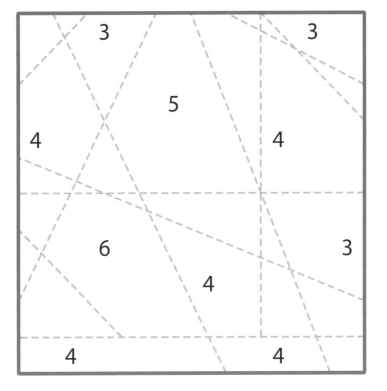

3　　　　　3

5

4　　　4

6　　　　3

4

4　　　4

答えは
133 ページ

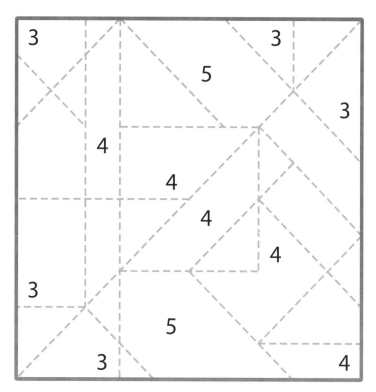

答えは
133 ページ

辛さ

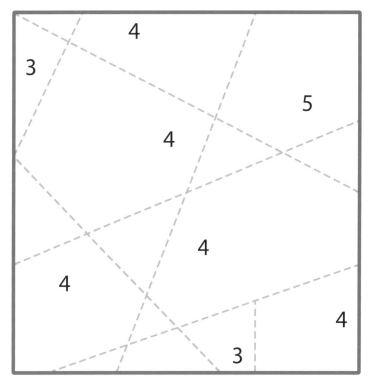

	4	
3		
		5
	4	
		4
4		
		4
	3	

答えは
134ページ

辛さ

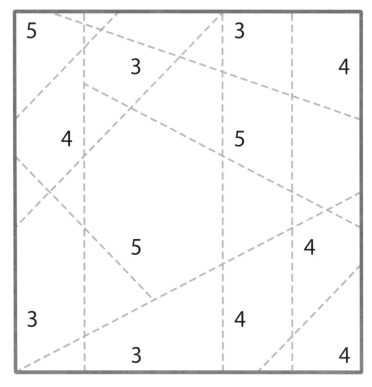

5			3	
	3			4
4		5		
	5		4	
3	3		4	4

答えは
134ページ

79

辛さ

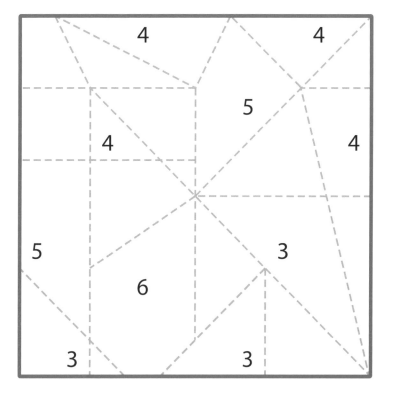

4		4
5	
4	4
5	3
6	
3	3

答えは 134 ページ

辛さ 🌶🌶🌶🌶🌶

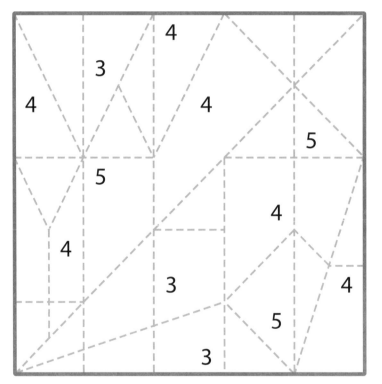

答えは
134ページ

辛さ

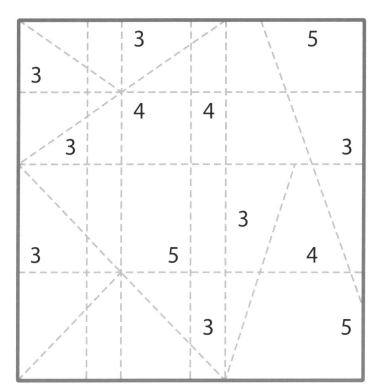

		3			5
3					
		4	4		
	3				3
				3	
3		5			4
			3		5

ひらめいた！

中央右の3から
考えてみよう。

答えは
134ページ

〜 101 〜

辛さ

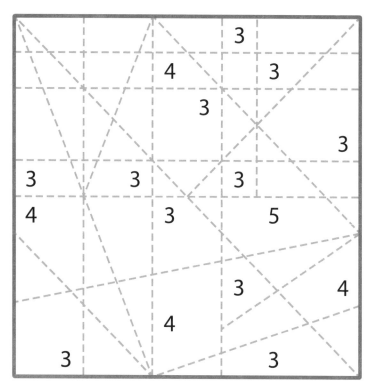

				3		
		4		3		
		3				
						3
3	3		3			
4		3		5		
					3	4
	4					
3				3		

右上の3つの3から
考えてみよう

答えは
134ページ

83

辛さ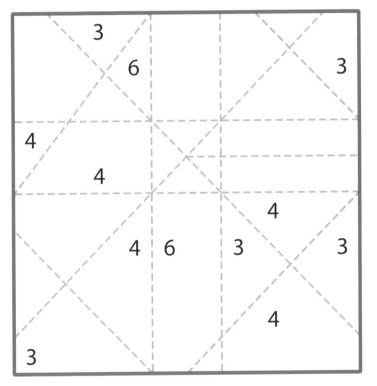

```
        3
            6                   3

  4
        4
                        4
            4   6       3       3
                        4
  3
```

答えは
135 ページ

辛さ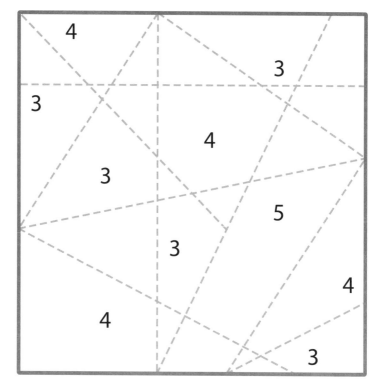

答えは
135ページ

辛さ

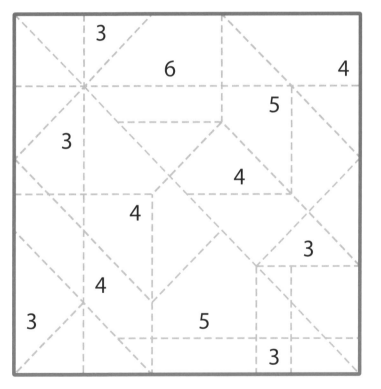

		3		6			4
						5	
	3				4		
		4					
						3	
	4						
3			5				
				3			

答えは
135ページ

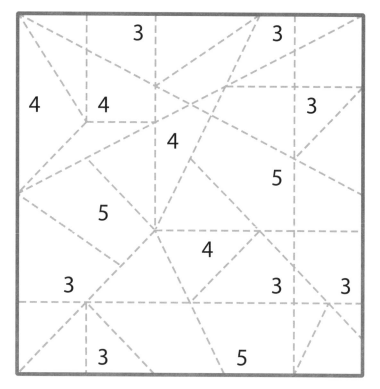

3　　　　3

4　　4　　　　3

4

5

5

4

3　　　　　3　　3

3　　　　5

答えは
135ページ

辛さ

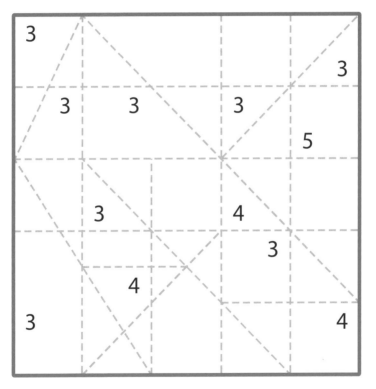

3				
	3	3	3	3
				5
	3		4	
				3
	4			
3				4

答えは 135 ページ

辛さ

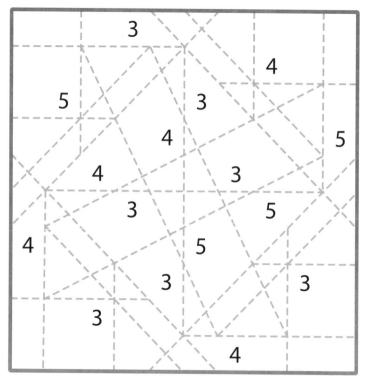

		3			
				4	
5		3			
		4			5
	4		3		
	3		5		
4		5			
	3			3	
3					
		4			

一番上の3から
考えてみよう。

答えは
135ページ

〜 108 〜

辛さ

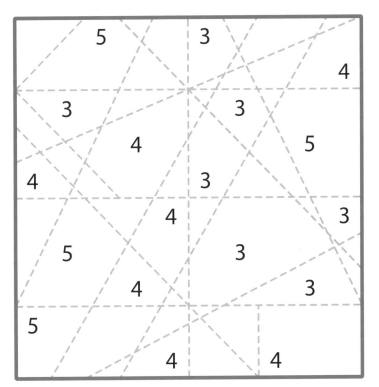

	5	3	
			4
3		3	
	4		5
4		3	
		4		3
5		3	
	4		3
5			
		4	4

むずいね〜

左上の5から
考えてみよう。

答えは
136 ページ

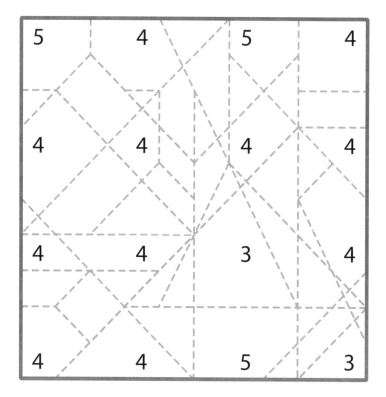

5	4	5	4
4	4	4	4
4	4	3	4
4	4	5	3

答えは
136 ページ

~ 第5章 ~

超激辛

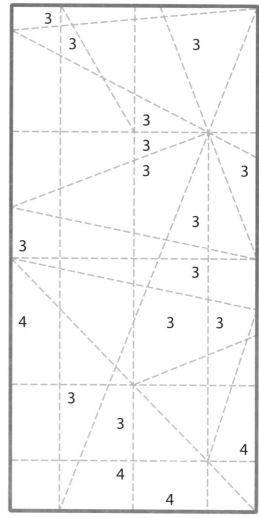

答えは 137 ページ

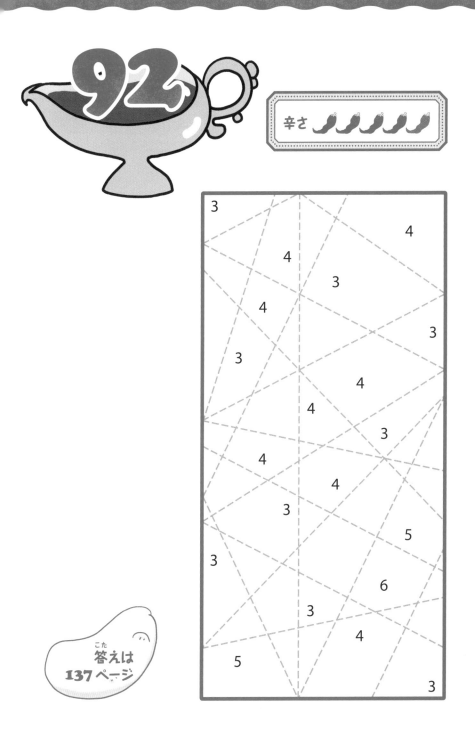

答えは 137 ページ

きれいに線を
引いてみよう。

カラスギノレー

答えは
138ページ

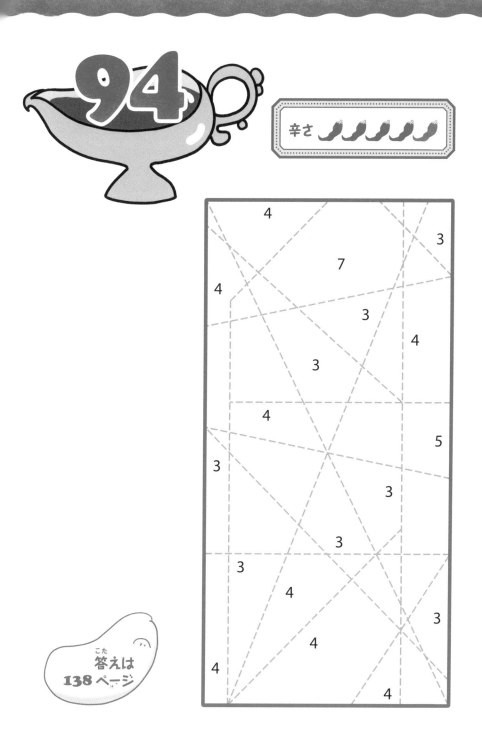

94

辛さ

答えは
138ページ

辛さ

小さい数から
考えてみよう。

おなかいっぱーい！

答えは
139ページ

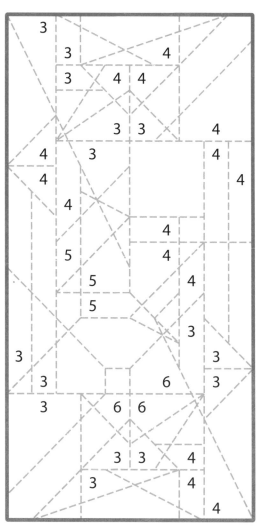

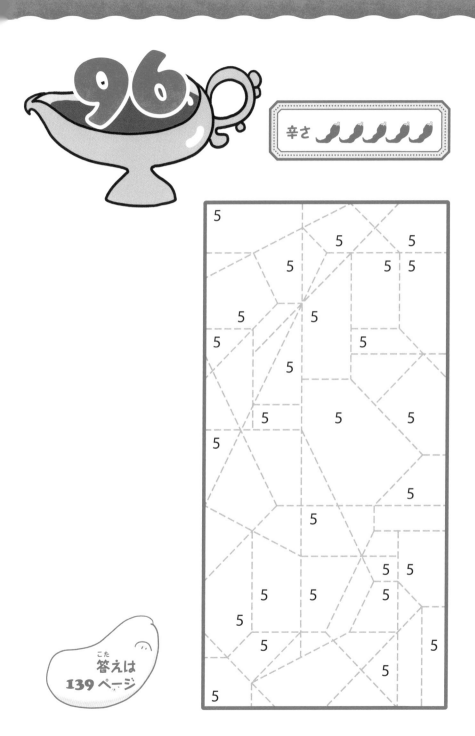

96

辛さ

答えは139ページ

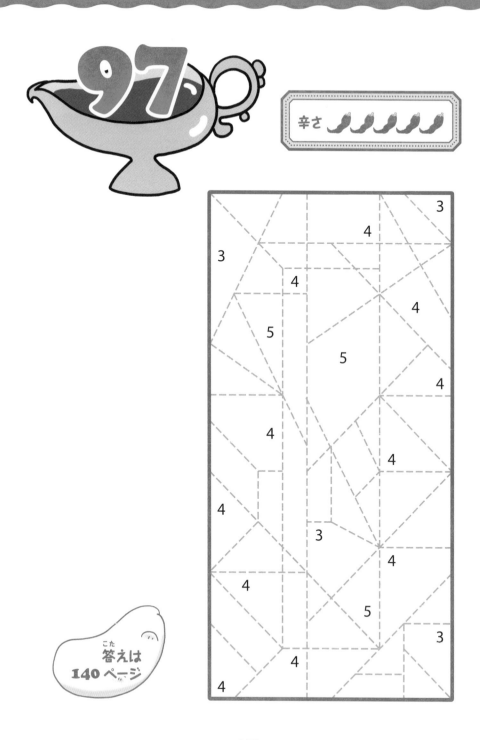

97

辛さ

3
4
3
4
4
5
5
4
4
4
4
4
3
4
5
4
4
3
4
4

答えは
140 ページ

それぞれの大きな
正方形の空間が、
どの図形に含まれ
るか考えてみよう。

答えは
140ページ

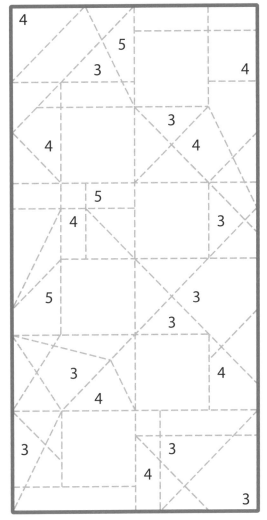

4	4		3	4
	3			4
6				4
	3		4	
3		5	4	7
	3		4	
5				3
3				4
	3		5	
4		3	4	4
	4		3	
3				5
	4		3	
5	4		3	4

答えは
141ページ

辛さ

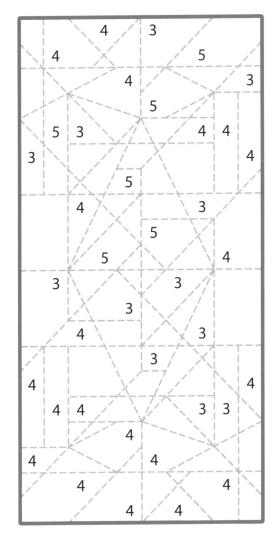

		4	3		
4				5	
		4			3
			5		
5	3			4	4
3					4
		5			
	4			3	
			5		
	5				4
3			3		
		3			
	4			3	
		3			
4					4
4	4		3	3	
		4			
4		4			
4				4	
4	4				

答えは
141ページ

パズルで頭が良くなる！

　パズルは楽しいから解くものです。実際にぼく自身も、中学生・高校生のときは勉強そっちのけでパズルにのめり込みました。まさかパズルのおかげで頭が良くなっているなんて、思いもしませんでした。でも、実際にパズルを解くと考える力が伸びるから、学力もつきやすくなるんですよ。

　中学生や高校生時代からパズルにはまった人には、高学歴の人がすごく多いです。パズル同好会も、東大や京大などの偏差値が高い大学に集中しています。パズルを解く速さを競う世界大会などでも、東大や京大の出身者が上位を占めています。

　これからの時代には、知識・思考力・主体性の三つが大事だといわれています。パズルはこのうちの「思考力」や「主体性」の部分を大きく伸ばしてくれます。これに勉強で身につく「知識」が加われば、鬼に金棒ですね。

～第6章～
完食（答え）

ごちそうさまー

甘口

6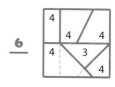

1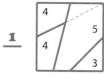

7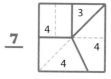

2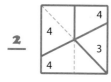

8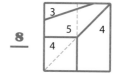

3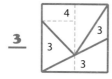

9

4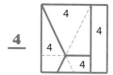

10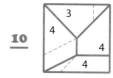

5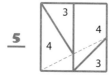

11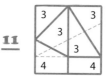

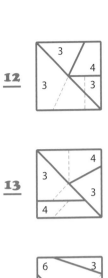

12

13

14

15

16

17

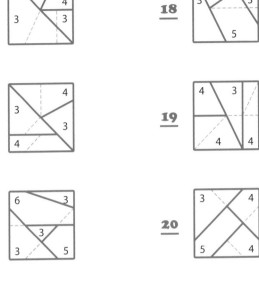

18

19

20

中辛

21

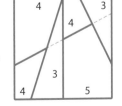

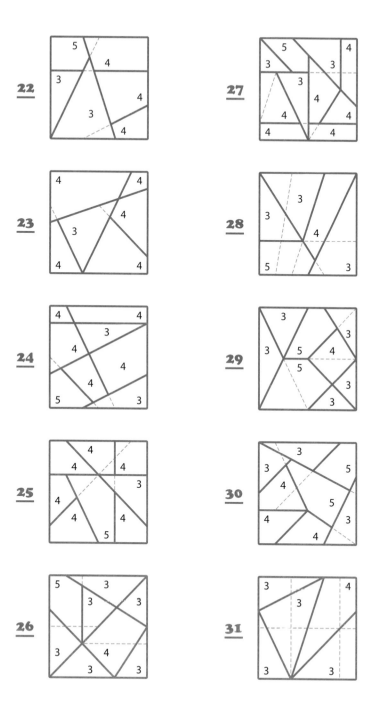

32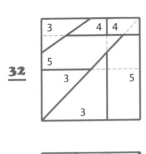

37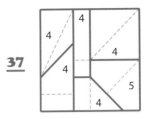

33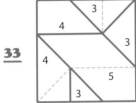

38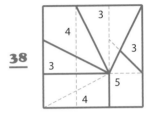

34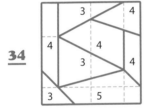

39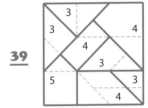

35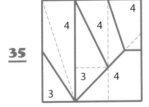

40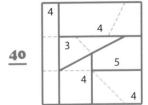

36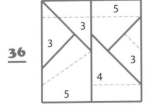

辛口

44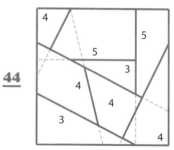

41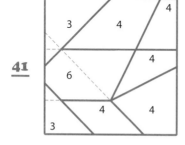

45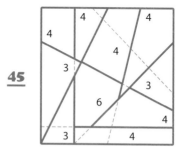

42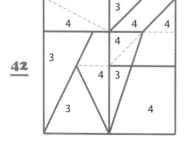

46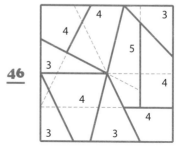

43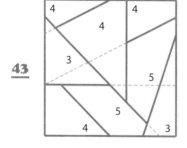

47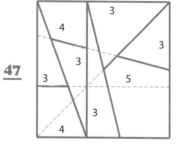

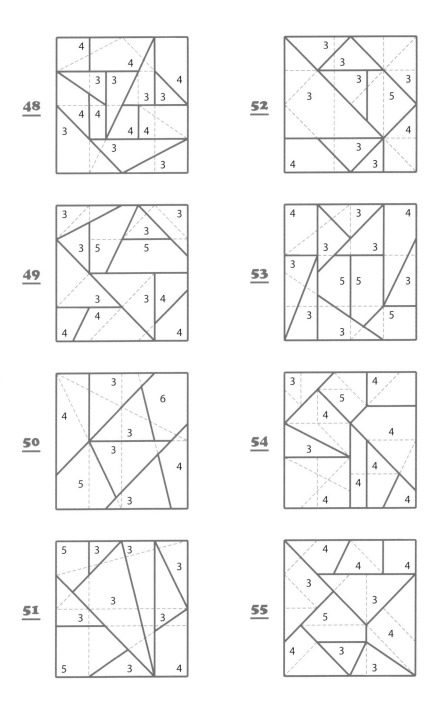

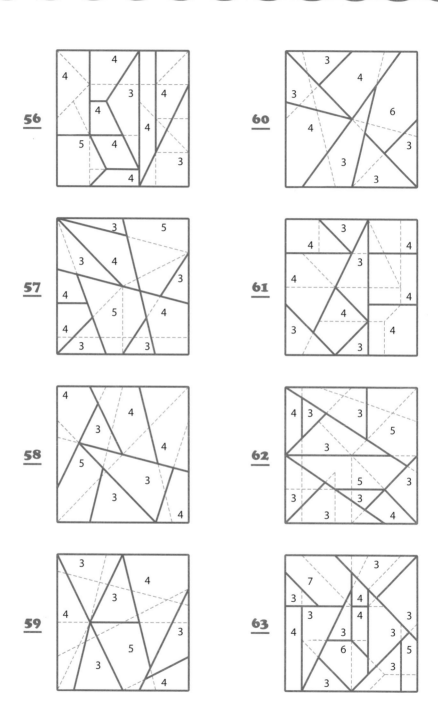

64

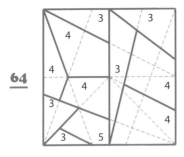

65

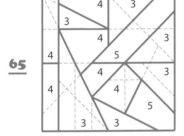

68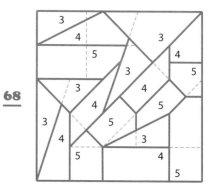

66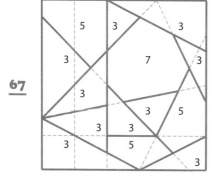

69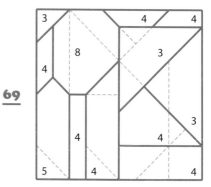

67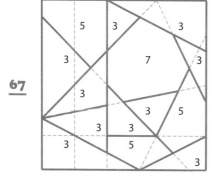

70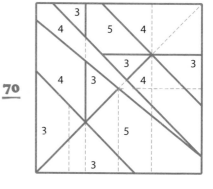

71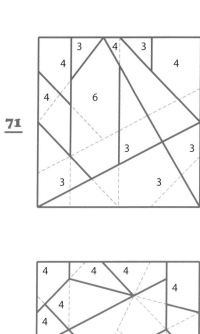

74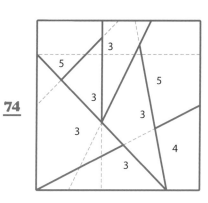

72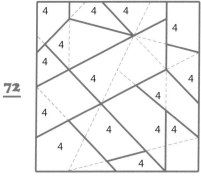

75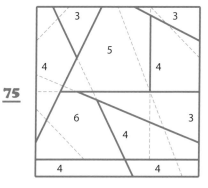

73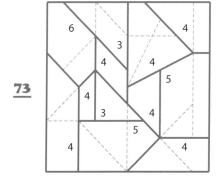

76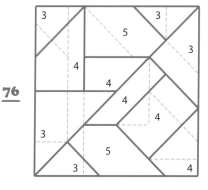

77

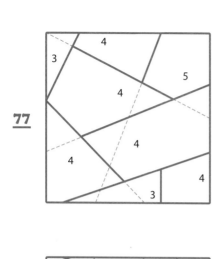

80

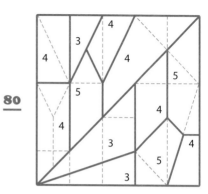

78

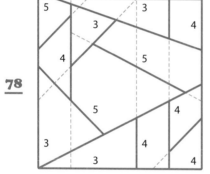

81

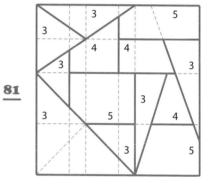

79

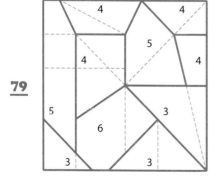

82

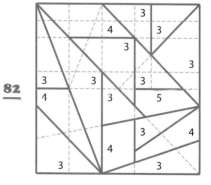

83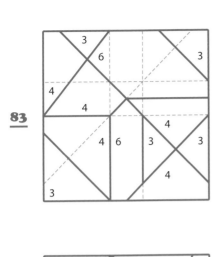

86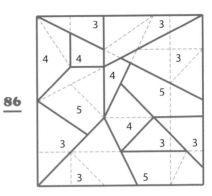

84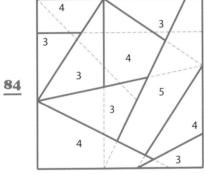

87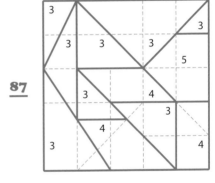

85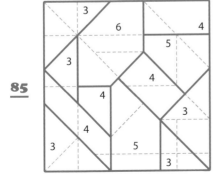

88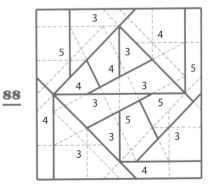

89

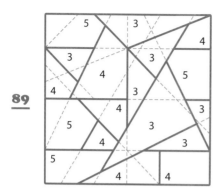

90

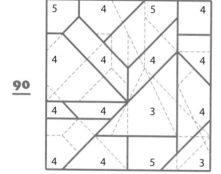

91

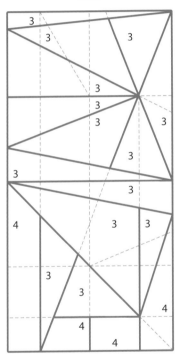

92

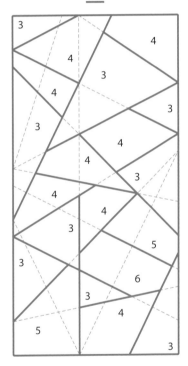

93

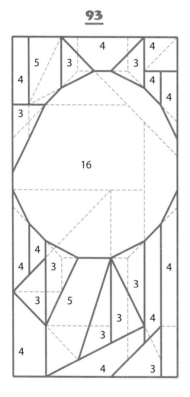

94

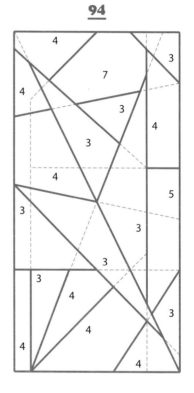

95

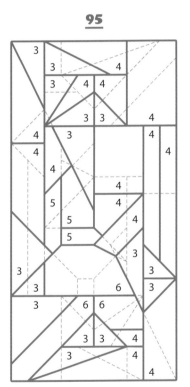

96

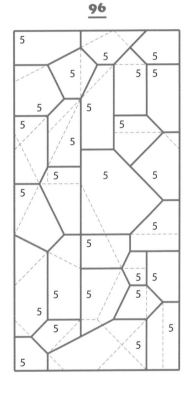

97

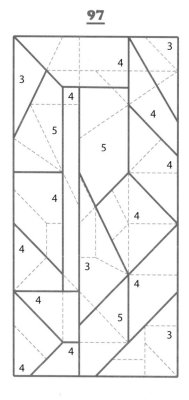

98

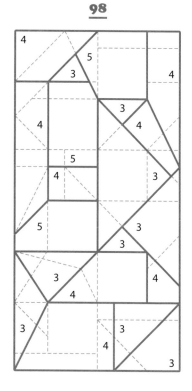

99

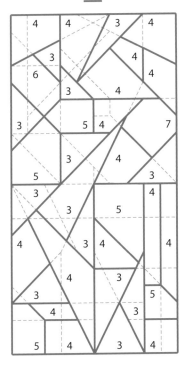

100

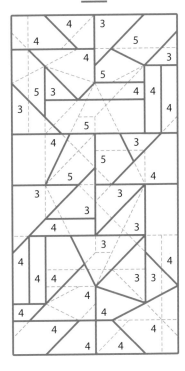

おわりに

　みんな、KAKUは楽しんでくれたかな？　マイマイこと、下森
舞です。わたしは東田ハカセと一緒に、京大東田式パズル教室で、
パズルを子どもたちに教えているよ。KAKUも前巻（算数パズル
①）の「ぬり算＋」と並んで教室で人気なパズルの一つだよ。

　KAKUってルールは単純だけど、一つの数字にいろんな分け
方があって、なかなか奥が深いパズルだよね。一つの数字だけで
はなくて、周りの数字も正しい形になるように、うまく調整して
いく必要がある。わたしたちが周りにいる人の気持ちを想像する
のと似ているね。

　この一冊を解き切ったことで、みんなの認知力・推理力・注意
力がぐっとあがったはずだよ。物の形を想像したりして何かを組
み立てたり、何かを覚えたり、相手の気持ちを想像する力もきた
えられたはず。え、どういうことかって？　つまり、みんなはま
た一段と、頭が良くなったってこと！

　最後にパズルのお話を一つみんなに教えるよ。それは、「パズ
ルを解く動物」について。みんなは、パズルを解くのは人間（ヒ
ト）だけだと思う？　え、人間以外が解くのを見たことがないっ
て？　——実は、サルやネズミもパズルを解けるんだ！

　心理学者のハリー・ハーローは、アカゲザルにパズルを解かせ

る実験をしたよ。サルはごほうびのエサをもらわなくても、パズルを熱心に解き続けたんだ。むしろエサをもらわなかったサルの方が、パズルを正しく解いたくらい。つまり、パズルを解くこと自体を楽しむ方が、より意欲的で正確にパズルを解くことができると考えられているよ。

　さらにネズミも、好んで迷路を解こうとするよ。同じく心理学者のドナルド・ヘッブの実験では、ネズミはエサのある場所に直接たどり着けるような道がもう一つあるにもかかわらず、わざわざ迷路になっている道を選んだんだ。

　こんなふうに、人間だけでなく他のほ乳類（サルやネズミなど）も、あえて難しいことにチャレンジする動機を持っている。そして、数ある生物の中でパズルを解ける者が生き残ってきたとも考えられているよ。なぜなら、生きていくにはパズルのように問題を解決し続ける必要があるからね！

　みんなも将来、いろんな壁や課題に出くわすかもしれない。そのときはパズルを解く気持ちで挑んでみてね。KAKUを解き切ったみんななら、きっと解決できるはずだよ！　下森舞（マイマイ助手）

東田大志（ひがしだ・ひろし）

1984年生まれ。京都大学大学院人間・環境学研究科博士課程修了。日本で唯一のパズル研究者であり、パズル作家。小学校から高校までパズルざんまいの日々を送り、高校3年生の夏から本格的に受験勉強を開始し、京都大学法学部に現役合格を果たす。京都大学パズル同好会を創設。自作のパズルを書いたビラを全国47都道府県で配り「ビラがパズルの人」として注目される。パズルに関する著書多数。

京大東田式パズル教室

2019年4月、東田大志と京都大学パズル同好会出身のメンバー3人が京都市に開校。小学生から大人まで、楽しみながら思考力を伸ばすパズルを教えている。

装画・イラスト　**かとうとおる**

装丁・デザイン　野﨑麻里亜　横山千里（朝日学生新聞社）
編集　　　　　　高見澤恵理（朝日学生新聞社）

京大東田式カレーなる算数パズル②　KAKU

2020年3月31日　初版第1刷発行

著　者　　東田大志・京大東田式パズル教室
発行者　　植田幸司
発行所　　朝日学生新聞社
　　　　　〒104-8433　東京都中央区築地5-3-2　朝日新聞社新館9階
　　　　　☎03-3545-5436（出版部）
　　　　　www.asagaku.jp（朝日学生新聞社の出版物案内）
印刷所　　シナノパブリッシングプレス